BERICHTE ÜBER DIE VERHANDLUNGEN DER SÄCHSISCHEN AKADEMIE DER WISSENSCHAFTEN ZU LEIPZIG

Mathematisch-naturwissenschaftliche Klasse
Band 104 · Heft 1

KARL SCHMALFUSS

ÜBER DAS AUSMASS DER BIOLOGISCHEN BINDUNG DES ELEMENTAREN STICKSTOFFS

DER EINFLUSS ASSIMILIERBARER STICKSTOFFVERBINDUNGEN

AKADEMIE-VERLAG · BERLIN
1960

BERICHTE ÜBER DIE VERHANDLUNGEN DER SÄCHSISCHEN AKADEMIE DER WISSENSCHAFTEN ZU LEIPZIG

MATHEMATISCH-NATURWISSENSCHAFTLICHE KLASSE

Band 97

Heft 1 Prof. Dr. ERICH STRACK / Beobachtungen über den endogenen Anteil des Kot-Stickstoffs
24 Seiten – 8° – 1949 – DM 2,50 *(vergriffen)*

Heft 2 Prof. Dr. ERNST HÖLDER / Über die Variationsprinzipe der Mechanik der Kontinua
13 Seiten – 8° – 1950 – DM 2,75 *(vergriffen)*

Heft 3 Dr. H. GERSTNER / Dr. H. BAARK / Dr. H. GRAUL / Der Wechselstromwiderstand der Froschhaut
25 Seiten – 8° – 1950 – DM 2,75 *(vergriffen)*

Heft 4 Prof. Dr. HERBERT BECKERT / Existenz- und Eindeutigkeitsbeweise für das Differenzenverfahren zur Lösung des Anfangswertproblems, des gemischten Anfangs-Randwert- und des charakteristischen Problems einer hyperbolischen Differentialgleichung zweiter Ordnung mit zwei unabhängigen Variablen
42 Seiten – 8° – 1950 – DM 9,– *(vergriffen)*

Heft 5 Prof. Dr. HERBERT BECKERT / Über quasilineare hyperbolische Systeme partieller Differentialgleichungen erster Ordnung mit zwei unabhängigen Variablen. Das Anfangswertproblem, die gemischte Anfangs-Randwertaufgabe, das charakteristische Problem
68 Seiten – 8° – 1950 – DM 14,50 *(vergriffen)*

Heft 6 Prof. Dr.-Ing. ENNO HEIDEBROEK / Das Verhalten von zähen Flüssigkeiten, insbesondere Schmierflüssigkeiten, in engen Spalten
Nachdruck – 40 Seiten – 24 Abbildungen – 8° – 1952 – DM 5,80 *(vergriffen)*

Heft 7 Prof. Dr. HANS SCHUBERT / Über eine lineare Integrodifferentialgleichung mit Zusatzkern
52 Seiten –8° – 1950 –DM 9,25 *(vergriffen)*

Heft 8 Dipl. Phys. HELMAR KRUPP / Bestimmung der allgemeinen Lösung der Schrödinger-Gleichung für Coulomb-Potential
28 Seiten – 8° – 1950 – DM 5,50 *(vergriffen)*

Band 98

Heft 1 Prof. Dr. WALTER SCHNEE / Über magische Quadrate und lineare Gitterpunktprobleme
48 Seiten – 8° – 1951 – DM 4,65 *(vergriffen)*

Heft 2 Prof. Dr.-Ing. ENNO HEIDEBROEK / Über die Beziehungen zwischen Schmierung und Verschleiß bei geschmierter Gleitreibung
Nachdruck – 36 Seiten – 5 Abbildungen – 8° – 1954 – DM 2,75

Heft 3 Prof. Dr.-Ing. e. h. KARL KEGEL / Der Salzstock Mirowo bei Provadia in Bulgarien
26 Seiten – 9 Abbildungen– 8° – 1951 – DM 3,– *(vergriffen)*

Heft 4 Prof. Dr. HERBERT BECKERT / Prof. Dr. HANS SALIÉ / Bemerkungen über die Verbiegung hyperbolisch gekrümmter Flächenstücke / Über Abels Verallgemeinerung der binomischen Formel
22 Seiten – 2 Abbildungen – 8° – 1951 – DM 2,25 *(vergriffen)*

Heft 5 Prof. Dr. ERICH STRACK / Die Dauerinfusion als Verfahren zur Erforschung des Kohlenhydratstoffwechsels des Tierkörpers
20 Seiten – 8° – 1952 – DM 2,– *(vergriffen)*

BERICHTE ÜBER DIE VERHANDLUNGEN DER SÄCHSISCHEN AKADEMIE DER WISSENSCHAFTEN ZU LEIPZIG

Mathematisch-naturwissenschaftliche Klasse
Band 104 · Heft 1

KARL SCHMALFUSS

ÜBER DAS AUSMASS DER BIOLOGISCHEN BINDUNG DES ELEMENTAREN STICKSTOFFS

DER EINFLUSS ASSIMILIERBARER STICKSTOFFVERBINDUNGEN

Mit 2 Abbildungen und 6 Tabellen

AKADEMIE-VERLAG · BERLIN

1960

Vorgetragen in der Sitzung vom 15. Februar 1960
Manuskript eingeliefert am 18. Februar 1960
Druckreif erklärt am 1. Juni 1960

Erschienen im Akademie-Verlag GmbH, Berlin W 1, Leipziger Straße 3-4

Lizenz-Nr. 202 · 100/735/60
Satz und Druck: IV/2/14 · VEB Werkdruck Gräfenhainichen · 1365
Bestellnummer: 2027/104/1
Preis: DM 1,35
Printed in Germany
ES 22 D

Die deutsche Landwirtschaft verbrauchte um 1890 jährlich an Düngerstickstoff etwa 1,5 kg/ha. Im Jahre 1913 war die je ha angewandte Stickstoffmenge auf 5,3 kg N angestiegen. 1925/26 betrug sie 11,7 kg und hatte im Jahre 1939 die Menge von 22,2 kg N/ha erreicht.

Im letzten Jahrzehnt ist der jährliche Verbrauch an Düngerstickstoff bis auf mehr als 30 kg/ha angestiegen und zeigt heute eine Tendenz zu einem steilen Anstieg des Verbrauches und damit auch der Produktion an N-Düngern.

Es gibt aber auch Länder, wie Holland, deren Stickstoffverbrauch je ha landwirtschaftlicher Nutzfläche bereits bei 70 kg N liegt oder diesen Wert schon überschritten hat. Hingegen wird in anderen Ländern der Erde auch noch wesentlich weniger verbraucht, etwa in ähnlicher Größenordnung wie im Deutschland der Jahrhundertwende.

Aus Abbildung 1[1]) ist abzulesen, daß sich Welterzeugung und Weltverbrauch an Düngerstickstoff seit 1947/48 bis 1956/57 wiederum mehr als verdoppelt haben. Unseren Düngerplänen für die kommenden Jahre liegen bereits 50–60 kg N/ha zugrunde, wobei manche Vorstellungen auch noch weit über diese Zahlen hinausgehen. Der Gebrauch mineralischer Düngemittel, insbesondere der synthetischen Stickstoffdünger, hat es ermöglicht, daß sich seit dem Einsetzen der mineralischen Düngung in Europa und der ständigen Steigerung derselben vom Beginn des vorigen Jahrhunderts bis heute die Ernten in Deutschland je Flächeneinheit etwa verdreifacht haben. Diese Tatsachen treten meistens hinter den augenfälligeren Erscheinungen unserer Zivilisation, wie etwa der Technik aller Gebiete, leicht etwas in den Hintergrund. Sie bedeuten aber eine grundlegende Umstellung der Landwirtschaft in unserem Jahrhundert, insbesondere der pflanz-

---

[1]) Entnommen aus: K. Schmalfuß: Die geochemische Bedeutung des Stickstoffs . . . Handbuch der Pflanzenphysiologie VIII, 1128–1146. Verlag Springer Berlin-Göttingen-Heidelberg 1958.

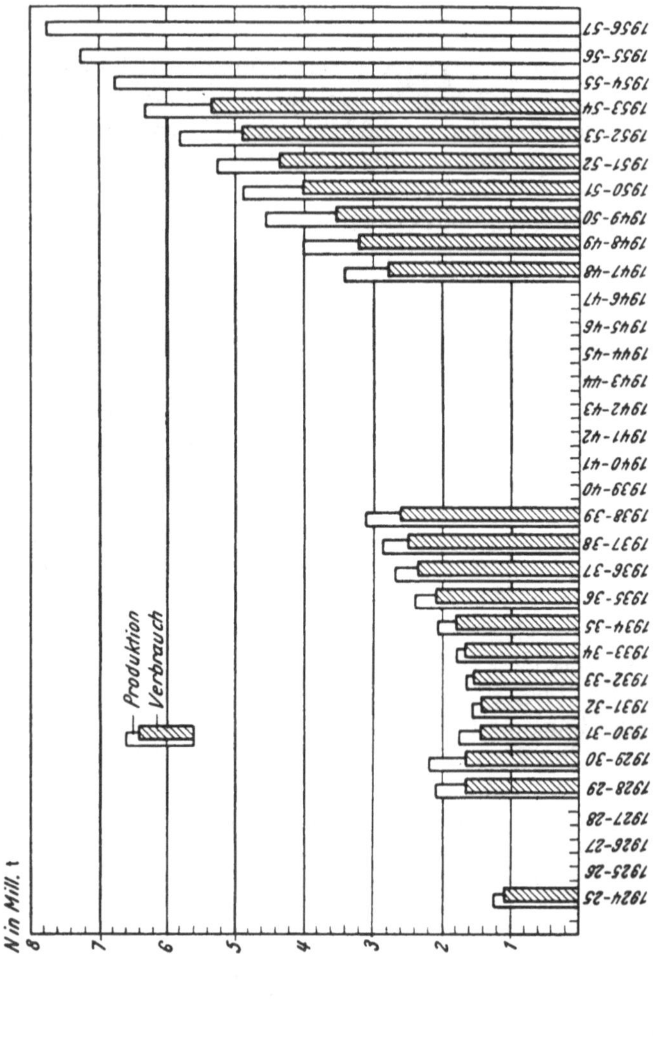

Abb. 1 Welterzeugung und Weltverbrauch an Stickstoffdüngern (in metrischen Tonnen N)

lichen Produktion. Sie werden sich aber mit den Jahren nicht minder tiefgreifend in unserer Bodenwirtschaft auswirken, wenn auch da die weitere Entwicklung und die Richtung einer solchen noch gar nicht abzusehen sind.

Legen wir im großen Durchschnitt für unsere pflanzlichen Kulturen eine für die nächste Zeit mögliche jährliche Stickstoffentnahme aus dem Boden und der Düngung von etwa 100 kg N/ha und Jahr zugrunde, so bleibt immer noch eine Lücke zwischen der heute gebotenen Nährstoffgabe und dem Bedarf des betreffenden Pflanzenbestandes an dem fraglichen Nährstoff. Sie kann zwar durch natürliche organische Düngemittel zum Teil, aber nicht völlig geschlossen werden.

Dies sei vorausgeschickt, um das hier zu behandelnde Thema klarzulegen. Und hier liegt auch der Ausgangspunkt für die folgenden Untersuchungen über die Größe der Bindung atmosphärischen elementaren Stickstoffs der Luft durch Mikroorganismen, die sogenannte biologische Stickstoffbindung.

Sie wird einmal von gewissen, frei im Boden lebenden Bakterien (*Azotobacter*) und von anderen Bakterien, die in Symbiose mit Leguminosen in deren Wurzeln leben (*Rhizobium*), vollzogen. Über diesen Gegenstand liegt eine große Literatur vor, die bis auf den heutigen Tag keine endgültige und abschließende Klarheit gibt, auch noch nicht über das eigentliche Wesen und den Mechanismus des Vorgangs der Überführung elementaren Stickstoffs in Stickstoffverbindungen (vgl. [1, 2, 4, 5, 6, 7, 8, 11, 12]).

Wir haben deshalb in Anbetracht des sich mit großer Vehemenz entwickelnden Problems der Stickstoffernährung unserer Kulturpflanzen in den letzten Jahren und in Anbetracht von oft höchst unklaren Vorstellungen über diesen Gegenstand versucht, der biologischen Stickstoffbindung experimentell näherzukommen [3, 10]. Insbesondere versuchten wir, die Größenordnung und das Ausmaß dieser Stickstoffbindung bei Anwesenheit gewisser Mengen von Ammoniak und Nitrat, wie sie im Boden regelmäßig vorkommen, annähernd zu umgrenzen.

Wir gingen dabei von folgenden Überlegungen aus. Da beide genannten Bakterienformen heterotroph sind, können sie nur von geeigneten assimilierbaren Kohlenhydraten oder ähnlichen Stoffen leben, sich vermehren und dabei Stickstoff binden, das heißt, diesen in N-haltige organische Stoffe, wie die Proteine, überführen.

Man weiß heute, daß *Azotobacter* etwa 15–20 mg N/1 g Energiequelle, z. B. Glukose und andere Monosaccharide oder Mannit, maximal binden kann, wenn er in Reinkultur gezogen und andere Nahrungskonkurrenten ausgeschlossen werden. Da aber solche für das Bakterium leicht assimilierbare Stoffe im Boden kaum oder höchstens in Spuren vorkommen, Zellulose oder andere pflanzliche Gerüststoffe, die in nennenswerten Mengen anfallen, durch *Azotobacter* unverwertbar sind, ist eine solche Frage nach dem Stand der Dinge in dieser Hinsicht bedeutungslos.

Als indirekter Beweis hierfür sei das graphisch dargestellte Ergebnis eines früheren Umsetzungsversuches angegeben (Abb. 2). Die Abbildung zeigt klar, daß nach 48 Wochen Dauer in keinem Fall eine Zunahme an gebundenem N im Boden eingetreten ist. Wohl aber erfolgte auf den Zusatz von jungem Weizenstroh sowie von Pferdebohnenstroh in beiden Fällen eine starke Nitrifikation des aus dem Umsatz dieser Strohproben abgespaltenen Ammoniaks. Wenn der Stickstoffbindung durch *Azotobacter* oder andere frei im Boden lebende Bakterien eine sonderliche Bedeutung in der Natur zukäme, hätte sie in diesem Fall des Versuches sichtbar werden müssen. Der bloße Nachweis des Bakteriums im Boden ist noch kein Beweis für eine Stickstoffbindung.

Um ein richtiges Bild über den Einfluß N-haltiger Verbindungen auf *Azotobacter* zu bekommen, wurden nachstehend beschriebene Versuche gemacht (Tabelle 1–4).

Es handelt sich um Reinkulturen von *Azotobacter* in Nährlösungen, die als Energiequelle Mannit, zunächst aber (Tab. 1) keine Stickstoffverbindungen enthielten. In bestimmten Zeitabständen wurde die Kulturlösung samt den darin enthaltenen Bakterien durch Schütteln homogenisiert und der Zellstickstoff durch Filtration von der Nährlösung (Filtrat) getrennt. Auf diese Weise konnten der gesamte Stickstoff der Lösung, der in den Bakterien vorhandene Stickstoff, der Stickstoff des Filtrates und in diesem das Ammoniak genau bestimmt werden.

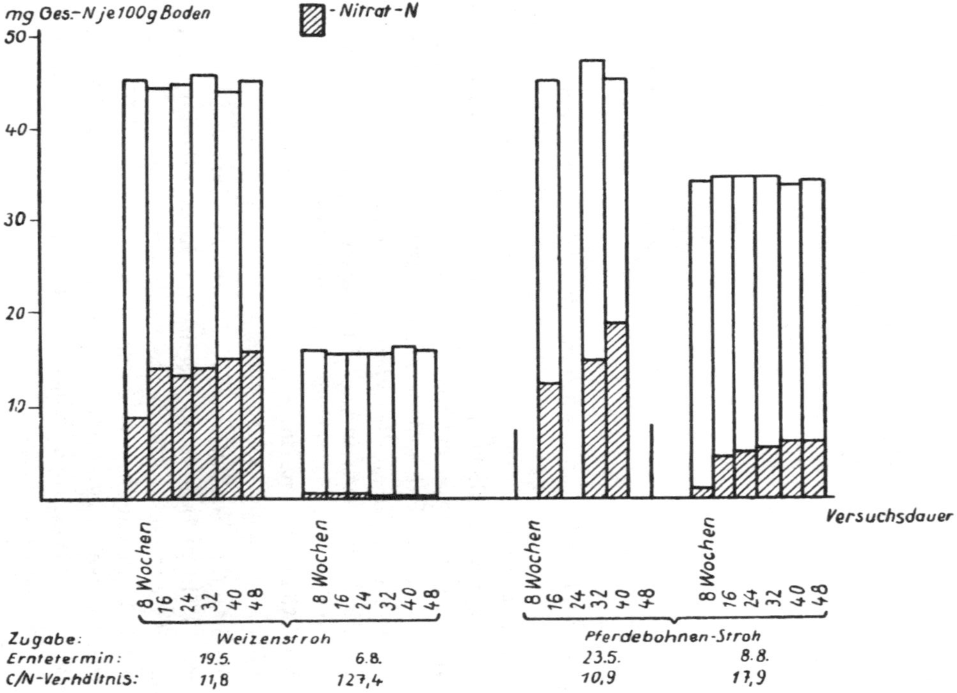

Abb. 2 Mineralisation (Nitratbildung) von Pflanzenmaterial verschiedenen Alters und verschiedenen Stickstoffgehaltes bei Zugabe von je 400 mg C in Form der angewandten Substanzen zu 100 g Boden

Tabelle 1

Stickstoffbindung in mg N/1 g Mannit
in stickstofffreier Nährlösung (50 ml, pH-Werte etwa 7,3–7,5)
Ansatz am 21. 6. 56 bei 27,5° C

Dauer in Tagen	Gesamt-N	Zell-N	Filtrat-N	Ammoniak-N
$3^1/_2$	1,0	0,7	0,2	0
7	2,7	2,5	0,2	0
14	12,5	12,0	1,1	Spur
28	17,7	15,5	2,3	0,3
56	16,5	12,2	4,0	1,3

Das Ergebnis dieses Versuches stimmt mit den bisher bekannten Tatsachen ziemlich genau überein. Es zeigte sich eine Bindung elementaren Stickstoffs aus der Atmosphäre bis gegen 18 mg Gesamt-N/1 g Mannit nach 28 Tagen. Ähnliches gilt für den Zellstickstoff (organische N-Verbindungen) der Bakterien, der zu diesem Termin in höchster Menge gefunden wurde. Bei noch weiterer Kulturdauer, in unserem Fall bis zum 56. Tag, nehmen die Werte für den Gesamt-N und den Zell-N wieder ab, vermutlich infolge Erschöpfung der Kohlenstoffquelle durch Autolyse der Bakteriensubstanzen. Das läßt sich durch Ansteigen der Stickstoffwerte im Filtrat erkennen, wobei sich vom 14. bis zum 56. Tag Ammoniak anreichert.

Untersucht man den Einfluß einer N-Zugabe in Form von Ammoniak oder Nitrat (in gestaffelten Mengen) auf die N-Bindung in der Azotobacterkultur, so ergibt sich das folgende Bild (Tab. 2). Der Gesamtstickstoff hat, gleichgültig ob 2 oder 20 mg N (als NH_4NO_3) zugesetzt worden waren, nach 4 Wochen bei allen Kulturen die etwa gleiche Höchstmenge (vgl. auch Tab. 1) erreicht. Ungefähr das gleiche gilt auch für den Zellstickstoff.

Dagegen lassen die N-Mengen und N-Formen der jeweiligen Filtrate das Wesen der abgelaufenen Umsetzungen während der Kulturdauer bei verschiedenem NH_4NO_3-Zusatz erkennen.

Tabelle 2

Stickstoffbindung in mg N/l g Mannit
bei Zugabe steigender Mengen N als NH_4NO_3 zur Nährlösung
(50 ml, pH-Werte 6,7–7,9)

Ansatz am 9. 4. 56 bei 27,5° C

N-Zugabe in mg/l g Mannit	Dauer in Tagen	Gesamt-N	Zell-N	Filtrat-N	Ammoniak-N	Nitrat-N
	$3^1/_2$	2,2	2,0	1,2	0,4	0,8
2,2	7	4,5	4,0	0,5	0	0
	14	8,5	7,7	0,7	0	0
	28	17,2	16,0	1,5	0,1	0
	$3^1/_2$	4,7	1,0	3,8	1,5	1,9
4,7	7	4,7	2,2	2,5	0,6	1,4
	14	10,2	9,5	0,9	0	0
	28	18,7	17,0	1,7	0,2	0
	$3^1/_2$	9,7	2,0	7,9	3,1	4,0
9,7	7	9,7	2,7	7,0	2,2	3,4
	14	9,7	6,0	3,8	0,8	1,7
	28	17,5	15,5	2,0	0,3	0
	$3^1/_2$	19,7	2,7	17,2	8,4	8,3
19,7	7	19,7	4,7	15,0	5,8	8,5
	14	19,7	9,0	10,6	3,4	6,3
	28	19,7	16,0	3,6	1,0	0,8

Bei der geringsten N-Zugabe von 2,2 mg enthält das Filtrat nur geringe N-Mengen, die wahrscheinlich bereits aus autolytischen Vorgängen herrühren.

Bei Zusatz von 4,7 mg N läßt sich ersehen, daß das Filtrat nach kurzer Versuchsdauer von $3^1/_2$ Tagen noch deutliche Mengen von Ammoniak und Nitrat enthielt, die offenbar aus dem zugesetzten Ammoniumnitrat stammen. Ähnlich liegt der Fall bei der Stickstoffzugabe von 9,7 mg, wobei der Stickstoff des Filtrates während der Versuchsdauer stark abnimmt. An dieser Abnahme sind Ammoniak und Nitrat beteiligt, was darauf hinweist, daß es sich in diesem Fall um Stickstoffverbrauch durch Wachstumsvorgänge handeln dürfte.

Bei der Versuchsreihe mit der höchsten Stickstoffgabe von 19,7 mg zeigen die Gesamtstickstoffmengen während der Kulturdauer von 28 Tagen identische Werte. Bei genauem Zusehen jedoch ergibt sich wiederum, daß mit zunehmender Kulturdauer der Stickstoff der Bakterienzellen in unserem Fall einen gleichen Anstieg zeigt wie in den anderen Reihen. Die Stickstoffverbindungen des Filtrates nehmen ab, wobei die Werte für Ammoniak und Nitrat jeweils ähnlich hoch sind und proportional bis auf geringe Mengen verschwinden. Das heißt also, daß das den Kulturen zugegebene NH_4NO_3 nahezu völlig zum Wachstum und zur Ernährung der Organismen verbraucht wurde.

Tabelle 3

Stickstoffbindung in mg N/1 g Mannit
bei Zugabe steigender Mengen N als $Ca(NO_3)_2$ zur Nährlösung
(50 ml, pH-Werte 7,3–8,2)

Ansatz am 9. 4. 56 bei 27,5° C

N-Zugabe in mg/1 g Mannit	Dauer in Tagen	Gesamt-N	Zell-N	Filtrat-N	Ammoniak-N	Nitrat N
	3½	2,7	1,7	1,1	0	1,0
2,7	7	8,7	8,0	0,8	0,1	0,1
	14	19,5	17,7	1,7	0,1	0
	28	19,5	17,0	2,6	0,4	0
	3½	4,7	1,2	3,7	0	3,7
4,7	7	11,0	9,7	1,1	0,2	0,4
	14	15,2	13,7	1,5	Spur	0
	28	15,2	13,5	1,8	0,5	0
	3½	10,7	3,5	7,2	0,1	6,8
10,7	7	10,7	6,7	3,9	0,1	3,2
	14	10,7	8,2	2,6	0,1	1,4
	28	10,7	9,0	1,6	0,1	0,5
	3½	19,5	3,0	16,3	0,1	15,8
19,5	7	19,5	6,5	13,0	1,2	11,1
	14	18,7	6,0	12,8	2,6	9,7
	28	18,7	7,5	11,2	2,6	7,6

Wie schon angedeutet, sind nach 28 Tagen bis auf die Kulturen mit der höchsten NH_4NO_3-Zugabe in allen Versuchsreihen die Gesamt-N-Werte sowie die Zell-N-Werte etwa gleich hoch, wobei zwischen den Gesamt-N- und Zell-N-Werten der gleichen Kulturen nur geringfügige Differenzen bestehen. Daraus geht hervor, daß in diesem Versuch eine Stickstoffbindung bei der höchsten Ammoniumnitratzugabe gar nicht zu beobachten ist und daß sie mit weiter abnehmender Ammoniumnitratzugabe einsetzt, zunimmt und daß schließlich bei der geringsten Menge zugesetzten NH_4NO_3 von 2,2 mg N die größten Mengen an elementarem Stickstoff gebunden wurden.

Setzt man an Stelle des Ammoniumnitrates den Azotobacterkulturen Calciumnitrat zu (Tab. 3), so zeigt sich diese Erscheinung noch eindeutiger und klarer. Bezüglich der N-Bindung läßt sich auch hier erkennen, daß diese nur bei Zugabe von 2,7 bzw. 4,7 mg N zustande kam. Sie war aber bei einer weiter erhöhten Zugabe von Calciumnitrat in einer Menge von 10,7 mg N, genauso wie bei der höchsten Staffelung von 19,5 völlig stillgelegt. Bei der höchsten Calciumnitratzugabe wuchs der Bakterienbestand langsam, verbrauchte dabei Nitrat, während gleichzeitig etwas Ammoniak, offenbar aus autolytischen Vorgängen herrührend, gebildet wurde.

Tabelle 4

Stickstoffbindung in mg N/l g Mannit
bei Zugabe steigender Mengen N als $NaNO_3$ zur Nährlösung
(50 ml, pH-Werte 7,3–8,1)
Ansatz am 9. 4. 56 bei 27,5° C

N-Zugabe in mg/l g Mannit	Dauer in Tagen	Gesamt-N	Zell-N	Filtrat-N	Ammoniak-N	Nitrat-N
	7	4,0	3,2	0,3	—	—
0	14	18,2	16,5	1,5	—	—
	28	18,0	14,0	3,6	—	—
	7	10,2	3,0	7,1	—	5,7
10	14	20,0	16,2	3,8	—	2,9
	28	19,5	13,2	6,1	—	0,8

Da bei Zusatz von Calciumnitrat gewisse Störungen in der Nährlösung und in der Stickstoffbilanz eintreten können, sei als Ergänzung noch das Ergebnis eines kleinen Versuches (Tab. 4) mit Zusatz von Natriumnitrat (0 und 10 mg/1 g Mannit) mitgeteilt. Hier zeigten sich aber keine neuen Gesichtspunkte; das Wachstum der Bakterien wurde durch diesen Zusatz nicht gehemmt.

Nach den Ergebnissen der vorstehend beschriebenen Versuche erscheint auch der Einfluß mineralischer N-Verbindungen, wie sie im Boden regelmäßig vorkommen, auf die N-Bindung und das Wachstum der Azotobacterzellen weiter überzeugend geklärt.

Ganz anders liegen die Dinge bei den Rhizobiumarten, die als bakterielle Symbionten in den Wurzeln der Leguminosen leben, dort die Bildung der bekannten Wurzelknöllchen hervorrufen und elementaren Stickstoff der Luft zu binden vermögen. Es ist bekannt und leicht nachweisbar, daß Leguminosenbestände mittels ihrer Knöllchenbakterien, auf Jahr und ha bezogen, der Atmosphäre ansehnliche Mengen des elementaren Stickstoffs (100–200 kg N) zu entnehmen in der Lage sind. Diese sehr bedeutenden Mengen an Stickstoff vermögen die Rhizobien nur dadurch zu fixieren und auch der Wirtspflanze teilhaftig werden zu lassen, indem diese den Wurzelbakterien ausreichende Mengen ihrer photosynthetisch gewonnenen Assimilate überläßt.

Von den Leguminosen weiß man auch, daß sie trotz ihrem außergewöhnlichen N-Reichtum im Keimlingsstadium oft unter Stickstoffmangel leiden. Die Symbiosebakterien bedürfen einer gewissen Zeit zur Infektion der Wurzeln mit den im Boden vorkommenden Knöllchenbakterien sowie zu ihrer eigenen Entwicklung, bevor sie den atmosphärischen Stickstoff binden und der Wirtspflanze davon N-Verbindungen überlassen können. Erst nach einer gewissen Zeit kommt die Pflanze in die Lage, symbiontisch gebundenen Stickstoff der Atmosphäre für ihren eigenen Stoffwechsel zu nutzen.

Um auch in diesem Fall den Einfluß löslicher Stickstoffverbindungen, wie sie im Boden vorkommen (Ammonsalze, Nitrate), auf die Stickstoffbindung genauer zu untersuchen oder sogar bilanzmäßig zu erfassen, wurde eine für unsere Zwecke geeignete Leguminose (*Vicia faba*) verwendet. Dabei waren zwei Gesichtspunkte zu beachten. Einmal konnte der Einfluß der genannten Stickstoffverbindungen direkt in den Stoffwechsel der Bakterien eingreifen oder es konnte andererseits indirekt zunächst die Leguminosenpflanze selbst betroffen werden.

Da ferner aus Gründen der Exaktheit der Ergebnisse Bodenkulturen nicht in Frage kamen, wurden Nährlösungen mit Zusatz N-haltiger Salze in gestaffelten Mengen gewählt. Die Versuchspflanzen wurden als Keimlinge zu je 5 Pflanzen in Glasgefäßen mit 3 Liter Nährlösung gezogen, wobei der eine Teil jeweils ohne Knöllchenbakterien steril belassen wurde, während eine zweite Versuchsreihe beim Ansetzen mit jeweils frisch hergestellten Bakteriensuspensionen geimpft wurde. Ein erstes Versuchsergebnis enthält die Tabelle 5.

Aus dieser ist zu ersehen, daß die geimpften Kulturen, die alle einen normalen, gesunden Knöllchenbesatz an ihren Wurzeln aufwiesen, ohne Zusatz N-haltiger Verbindungen eine ansehnliche Menge symbiontisch gebundenen Stickstoffs enthielten. Wurden hingegen Stickstoffverbindungen (NH_4NO_3; $Ca(NO_3)_2$) zugefügt, so zeigten diese oft voneinander abweichende Wirkungen auf den Pflanzenertrag und auf die Größe der Stickstoffbindung der Pflanzen.

Ammoniumnitratzugabe wirkte auf den Pflanzenertrag zwar besser als das Fehlen von Wurzelbakterien, eine doppelte Menge dieses Salzes wirkte auch besser als die einfache Gabe. Aber in beiden Fällen übertrafen gleiche Mengen zugesetzten Stickstoffs in Form von Calciumnitrat die Wirkungen des Ammoniumnitrates. Der Zusatz von Calciumnitrat hatte auch eine stärkere Stickstoffbindung zur Folge, wie die letzte Spalte der Tabelle 5 für den symbiontisch gebundenen N erkennen läßt.

Was an diesem Versuchsergebnis noch auffällt, ist die Tatsache, daß die ungeimpfte Reihe in nahezu sämtlichen Fällen geringere Erntegewichte hervorbrachte als die geimpfte. Auch die Stickstoffgehalte der geernteten Pflanzen lagen bei der geimpften Reihe sowohl in den Sprossen wie auch in den Wurzeln prozentual deutlich höher, und schließlich wäre noch hervorzuheben, daß der symbiontisch gebundene N in den Kulturen, denen Ammoniumnitrat zugesetzt wurde, verhältnismäßig gering ausfiel, während die Ernten der Versuchsreihen mit Calciumnitratzusatz sich repräsentativ auf die Menge des gebundenen Stickstoffs auswirkte. Auch die Reihe der geimpften

Tabelle 5

Pferdebohnen in Wasserkultur (3 Ltr. Nährlösung mit je 5 Pflanzen) im Gewächshaus
Angesetzt am 21. 6., geerntet zur Blütezeit am 15. 8.

	N-Gabe		Ernte in g (wasserfr.) je Gefäß			N-Gehalte in % d. Trockenmasse		symbiontisch gebundener N
	in mg/Gef.	N-Form	Sproß	Wurzel	Gesamt	Sproß	Wurzel	in mg/Gef.
geimpft (29. 6.)	0	—	6,7	2,9	9,6	2,23	3,08	116
	150	NH_4NO_3	10,8	3,8	14,6	1,40	2,59	10
	150	$Ca(NO_3)_2$	14,7	4,0	18,7	2,00	3,22	212
	300	NH_4NO_3	14,9	5,1	20,0	1,49	2,89	69
	300	$Ca(NO_3)_2$	19,0	5,2	24,2	1,95	3,01	192
ungeimpft	0	—	4,5	3,0	7,5	1,27	2,17	—
	150	NH_4NO_3	10,9	4,6	15,5	1,12	2,55	—
	150	$Ca(NO_3)_2$	10,0	3,1	13,1	1,30	2,60	—
	300	NH_4NO_3	10,1	3,6	13,7	1,58	3,89	—
	300	$Ca(NO_3)_2$	17,5	6,2	23,7	1,19	2,06	—

Tabelle 6

Pferdebohnen in Wasserkultur (3 Ltr. Nährlösung mit je 5 Pflanzen) im Gewächshaus
Angesetzt am 6. 4., geerntet zur Blütezeit am 29. 5

	N-Gabe		Ernte in g (wasserfr.) je Gefäß			N-Gehalte in % d. Trockenmasse		symbiontisch gebundener N	pH-Werte
	in mg/Gef.	N-Form	Sproß	Wurzel	Gesamt	Sproß	Wurzel	in mg/Gef.	
	0	—	13,6	5,5	19,1	2,53	3,05	373	3,7
geimpft	60	$Ca(NO_3)_2$	18,3	7,0	25,3	3,30	3,49	664	4,2
(14. 4.)	120	$Ca(NO_3)_2$	21,2	8,3	29,5	3,18	3,79	746	5,9
	120	NH_4NO_3	16,0	6,6	22,6	2,54	3,38	395	3,9
	240	$Ca(NO_3)_2$	27,1	9,3	36,4	2,79	3,38	710	6,1
	0	—	4,1	3,8	7,9	1,36	1,98	—	4,1
	60	$Ca(NO_3)_2$	6,9	5,2	12,1	1,15	2,02	—	4,4
ungeimpft	120	$Ca(NO_3)_2$	9,6	6,3	15,9	1,14	2,12	—	6,0
	120	NH_4NO_3	8,5	4,7	13,2	1,49	2,28	—	4,1
	240	$Ca(NO_3)_2$	15,5	8,2	23,7	1,22	2,08	—	6,1

Pflanzen ohne N-Zugabe zeigt eine große Menge gebundenen Stickstoffs trotz ihrer geringen Erträge.

Zum Schluß sei noch ein letzter, gleichartiger Versuch mit seinen Ergebnissen angefügt (Tab. 6). Neben einem stickstofffreien Versuchsglied wurden wiederum gestaffelte, aber etwas geringere Gaben von Stickstoff in Form von Calciumnitrat zugesetzt, wobei eine Variante mit Ammoniumnitrat als Vergleichskultur mit einbezogen wurde. Der Versuch enthielt gleich wie der vorhergegangene eine geimpfte und eine ungeimpfte Hälfte.

Das Ergebnis zeigt deutlich die Wirkung einer Impfung bzw. des Besatzes mit Knöllchenbakterien. Der Einfluß des Calciumnitrats ist auch an dem Anstieg der Erträge mit zunehmenden Gaben erkennbar, während das Ammoniumnitrat auf die Erträge in beiden Fällen depressiv wirkte. Klar gegeneinander abgesetzt erscheinen auch die Stickstoffgehalte von Sproß und Wurzeln in beiden Versuchshälften. Was die Menge des symbiontisch gebundenen Stickstoffs anlangt, tritt deutlich die große Leistung der Knöllchenbakterien hervor, die sich am Ertrag, am Stickstoffgehalt der Pflanzen und an der enormen Menge symbiontisch gebundenen Stickstoffs erkennen läßt. Diese Wirkung wird noch durch Zugabe von Calciumnitrat wesentlich gefördert. Die Stickstoffgehalte in Sproß und Wurzeln der geimpften Pflanzen sind beträchtlich höher als die der ungeimpften. Und was die Mengen an bakteriell gebundenem Stickstoff anlangt, sind in diesem Fall sehr hohe Werte ermittelt worden. Nur die 0-Reihe und die Vergleichsserie mit Ammoniumnitrat fallen ab.

Überblicken wir zum Schluß nochmals zusammenfassend die Versuchsergebnisse über die biologische Stickstoffbindung in unserem Institut, so läßt sich etwa folgendes darüber sagen.

Das Ausmaß der N-Bindung frei im Boden lebender Bakterien (*Azotobacter*), kultiviert auf N-freien Nährlösungen, hängt von der gebotenen C-Quelle und der Zeit ab. Bei 4 Wochen Kulturdauer wird in unseren Versuchen das Maximum der N-Bindung von etwa 16 bis 18 mg N/1 g Mannit erreicht.

Eine Zugabe von Stickstoffverbindungen (NH_4NO_3) in gestaffelten Mengen von 2–20 mg N/1 g Mannit hatte nach 4 Wochen Kulturdauer in den Zellen etwa gleich große Mengen gebundenen N (15–17 mg/1 g

Mannit) zur Folge. Beim geringsten Ammoniumnitratzusatz wurden die größten Mengen elementaren Stickstoffs gebunden, bei der höchsten Zugabe dieses Salzes war eine N-Bindung jedoch überhaupt nicht mehr nachzuweisen. Die Azotobacterkultur deckte in diesem Fall ihren Stickstoffbedarf nur aus zugesetztem Ammoniumnitrat.

Noch deutlicher als ein Zusatz von NH_4NO_3 wirkte sich ein solcher von $Ca(NO_3)_2$ aus. Steigende Zugaben dieses Salzes hemmten zunehmend die N-Bindung der Bakterien. Ein Zusatz von $NaNO_3$ hatte demgegenüber keine Hemmwirkung.

Dies alles geschieht jedoch nur dann, wenn *Azotobacter* eine geeignete C-Quelle in der nötigen Menge geboten bekommt. Fehlt diese, was im Boden wohl meistens der Fall ist, dann fehlt auch eine beachtenswerte N-Bindung durch Bakterien. Hinzu kommt noch, daß die im Boden vorhandenen geringen Mengen Ammoniak und Nitrat auch relativ zunehmen und dadurch die N-Bindung verhindern können (vgl. Abb. 2). Trotz dem Vorkommen N-bindender Bakterien im Boden ist die praktische Ausbeute an gebundenem N sicher als unerheblich anzusehen.

Versucht man die Ergebnisse der Wasserkulturen mit Pferdebohnen mit und ohne Wurzelknöllchen zu deuten, so kann man kurz zusammengefaßt etwa folgendes aussagen.

Die Ernteerträge des Sommerversuches (Tab. 5) ließen im Durchschnitt nur eine schwache Überlegenheit der knöllchentragenden gegenüber den ungeimpften, knöllchenfreien Pflanzen erkennen, die angebotenen Düngesalze riefen nur geringe Wirkungen hervor. Die N-Gehalte der Pferdebohnen waren bei der geimpften Versuchshälfte – zum Teil wesentlich – höher als bei der knöllchenfreien Hälfte. Auf die Menge des symbiontisch gebundenen N wirkte sich das Calciumnitrat förderlich aus, während sich das Ammoniumnitrat unterlegen zeigte. Die Zusammenhänge sind hier, wo das Stickstoffangebot zunächst direkt der grünen Trägerpflanze des *Rhizobium* gilt, wesentlich unübersichtlicher als bei *Azotobacter*, auf den ein eventuelles Angebot solcher Salze direkt wirken muß.

Bei einer etwas modifizierten Wiederholung des Versuches im Frühjahr (Tab. 6) liegen in allen Fällen die Ernteerträge bei den Pflanzen mit Knöllchen deutlich und oft ganz wesentlich höher als bei der ungeimpften Versuchshälfte. Das zusätzliche N-Angebot bewirkte seinerseits gleichfalls eine Ertragssteigerung, wobei aber das Ammoniumnitrat wieder abfiel. Die N-Gehalte von Sproß und Wurzel waren sowohl durch die zugefügten N-haltigen Salze wie auch durch die Impfung mit Wurzelbakterien sehr stark erhöht worden. Dementsprechend waren die Gewinne an symbiontisch gebundenem Stickstoff sehr groß, besonders bei Zusatz von Calciumnitrat.

Die vorgetragenen Ergebnisse zeigen, daß unsere Versuchspflanze und vermutlich auch andere Leguminosen von Natur aus durch ihre Symbionten in sehr wechselnder Menge elementaren Stickstoff der Atmosphäre assimilieren, so daß sie gegenüber anderen Gewächsen im gegebenen Fall sehr hohe Proteingehalte und Proteinerträge erreichen können. Sie vermögen aber darüber hinaus noch erhebliche Mengen gebundenen Stickstoffs aus dem Boden in Lösung aufzunehmen und zur Eiweißsynthese zu benutzen. Rechtzeitig und in richtiger Menge geboten, können vielleicht Stickstoffdüngesalze die Leguminosen in ihrer Ertragsleistung und in ihrem Eiweißgehalt so fördern, wie wir es heute noch nicht abzusehen vermögen.

LITERATURVERZEICHNIS

1. ALLOS, H. F., and W. V. BARTHOLOMEW: Replacement of symbiotic fixation by available nitrogen. Soil Sci. **87**, 61–66 (1959).
2. DHAR, N. R.: Land fertility improvement. J. Indian Soc. Sci. **7**, 1–25 (1959).
3. EBERT, K.: Über die Beeinflussung des Wachstums und der Stickstoffbindung von Azotobacter durch Amid-, Ammoniak- und Nitratstickstoff. Z. Pflanzenernähr., Düng., Bodenkunde **87**, 118–134 (1959). (Diss. Landw. Fak. Halle.)
4. LENHARD, G.: Die Stickstoffbindung von Azotobacter chroococcum in Gegenwart von Ammonium- und Nitratstickstoff. Z. Pflanzenernähr., Düng., Bodenkunde **63**, 241–247 (1953).
5. MCAULIFFE, C., D. S. CHAMBLEE, H. URIBE-ARANGO and W. W. WOODHOUSE jun.: Influence of inorganic nitrogen on nitrogen fixation by legumes as revealed by N^{15}. Agronomy J. **50**, 334–337 (1958).
6. PRJANISCHNIKOW, D. N.: Der Stickstoff im Leben der Pflanzen und im Ackerbau der UdSSR. Berlin 1952.
7. RICHARDSON, D. A., D. C. JORDAN and E. H. GARRARD: The influence of combined nitrogen on nodulation and nitrogen fixation by Rhizobium meliloti Dangeard. Canad. J. Plant Sci. **37**, 205–214 (1957).
8. RIPPEL-BALDES, A.: Grundriß der Mikrobiologie, 3. Aufl. Berlin und Göttingen 1955.
9. SCHMALFUSS, K.: Die geochemische Bedeutung des Stickstoffs unter besonderer Berücksichtigung der landwirtschaftlichen Produktion und der Dünger. Handbuch der Pflanzenphysiologie **VIII**, 1128–1146. Berlin-Göttingen-Heidelberg 1958.
10. SCHMIDT, G.: Untersuchungen über die Einwirkung von Umweltbedingungen auf die Knöllchenbildung und N-Bindung von *Vicia faba* L. Kühn-Arch. **69**, 165–222 (1955). (Diss. Landw. Fak. Halle.)
11. SCHMIDT-LORENZ, W., und A. RIPPEL-BALDES: Wirkung des Sauerstoff-Partialdrucks auf Wachstum und Stickstoffbindung von Azotobacter chroococcum Beij. Arch. Mikrobiol. **28**, 45–68 (1957).
12. VIRTANEN, A. I.: Atmosphärischer Stickstoff als Aufrechterhalter des Lebens auf der Erde. Angew. Chem. **65**, 1–11 (1953).

Fortsetzung von der 2. Umschlagseite

Band 99

Heft 1 Prof. Dr. HEINRICH BRANDT / Über das quadratische Reziprozitätsgesetz
18 Seiten – 8° – 1951 – DM 1,90 *(vergriffen)*

Heft 2 Prof. Dr. GEORG SPACKELER / Der Gebirgsdruck und seine Beherrschung durch den Bergmann 36 Seiten – 12 Abbildungen – 8° – 1951 – DM 1,65 *(vergriffen)*

Heft 3 Prof. Dr. ERNST DIEPSCHLAG / Die Anwendbarkeit der Regelungstechnik in der Hüttenindustrie 38 Seiten – 12 Abbildungen – 8° – 1952 – DM 3,90

Heft 4 Prof. Dr. ALBERT FROMME / Die Bedeutung der Entwicklungsgeschichte, besonders des Mesenchyms für die Klinik 24 Seiten – 8° – 1952 – DM 1,75 *(vergriffen)*

Heft 5 Dr. ROBERT BÖKER / Die Entstehung der Sternsphäre Arats
68 Seiten – 4 Abbildungen – 2 Ausschlagtafeln – 3 Tabellen – 8° – 1952 – DM 5,60

Band 100

Heft 1 Prof. Dr. HEINRICH BRANDT / Über Stammfaktoren bei ternären quadratischen Formen 24 Seiten – 8° – 1952 – DM 2,25

Heft 2 Dr. PAUL GÜNTHER / Zur Gültigkeit des Huygens'schen Prinzips bei partiellen Differentialgleichungen vom normalen hyperbolischen Typus
43 Seiten – 8° – 1952 – DM 5,–

Heft 3 Dr. ALFRED MÜLLER / Die Schaubarkeit in der Axonometrie
22 Seiten – 3 Ausschlagtafeln – 8° – 1952 – DM 3,– *(vergriffen)*

Heft 4 Prof. Dr.-Ing. ENNO HEIDEBROEK / Die Beziehungen zwischen Härte, Schmierung und Verschleißfestigkeit
Nachdruck – 40 Seiten – 10 Abbildungen – 8° – 1954 – DM 3,40

Heft 5 Prof. Dr. ROBERT SCHRÖDER / Frauenheilkunde in Forschung und Praxis
22 Seiten – 8° – 1952 – DM 1,35

Heft 6 Dr. ROLF REISSIG / Die pandiagonalen Quadrate vierter Ordnung
54 Seiten – 8° – 1952 – DM 5,–

Heft 7 Prof. Dr. MAX ROBITZSCH † / Die Erforschung der Atmosphäre, ihre Methodik und ihre Probleme
30 Seiten – 12 Abbildungen – 4 Kunstdrucktafeln – 8° – 1953 – DM 2,50

Band 101

Heft 1 Prof. Dr. KURT SCHWABE / Periodische Erscheinungen bei der anodischen Auflösung des Zinks 33 Seiten – 14 Abbildungen – 8° – 1954 – DM 3,–

Heft 2 Dr. UDO PIRL / Positive Lösungen einer nichtlinearen Integralgleichung
44 Seiten – 2 Abbildungen – 8° – 1953 – DM 4,–

Heft 3 Dr. JOACHIM FOCKE / Asymptotische Entwicklungen mittels der Methode der stationären Phase 2. unveränderte Auflage – 48 Seiten – 8° – 1957 – DM 4,80 *(vergriffen)*

Heft 4 Prof. Dr. HANS SALIÉ / Zur Verteilung natürlicher Zahlen auf elementfremde Klassen
26 Seiten – 8° – 1954 – DM 2,50 *(vergriffen)*

Heft 5 Prof. Dr.-Ing. ENNO HEIDEBROEK / Die Verantwortlichkeit des Ingenieurs
22 Seiten – 8° – 1954 – DM 1,– *(vergriffen)*

Heft 6 Prof. Dr. HANS SCHUBERT / Dr. ERICH SCHINCKE / Zur Ermittlung von Unterschallströmungen mit der Transformationsmethode bei quadratischer Approximation der Adiabate 32 Seiten – 6 Abbildungen – 2 Tabellen – 8° – 1955 – DM 2,30

Heft 7 Dr. HELMUT SCHAEFER / Neue Existenzsätze in der Theorie nichtlinearer Integralgleichungen 40 Seiten – 8° – 1955 – DM 2,40

Band 102

Heft 1 Dr. **PAUL GÜNTHER** / Über einige spezielle Probleme aus der Theorie der linearen partiellen Differentialgleichungen zweiter Ordnung
50 Seiten – 8° – 1957 – DM 4,60 *(vergriffen)*

Heft 2 Prof. Dr. **HANS SCHUBERT** / Dr. **ERICH SCHINCKE** / Zum Konturproblem der Hodographenmethode im Unterschall 25 Seiten – 8° – 1957 – DM 2,20

Heft 3 Prof. Dr. **FRANZ RUNGE** / Über die Polymerisation ungesättigter organischer Verbindungen 13 Seiten – 1 Tabelle – 8° – 1957 – DM 1,–

Heft 4 Dr. **VICTOR VÂLCOVICI** / Une extension des liaisons non holonomes et des principes variationnels 39 Seiten – 8° – 1958 – DM 2,40

Heft 5 Dr. **ROLF KLÖTZLER** / Beiträge zur Theorie mehrdimensionaler Variationsprobleme mit geknickten Extremalen 72 Seiten – 8° – 1958 – DM 4,30

Heft 6 Prof. Dr. **PAULA HERTWIG** / Strahlenschäden und Strahlenschutz im zellulären Bereich
43 Seiten – 14 Abbildungen – 6 Tabellen – 4 Tafeln – 8° – 1957 – DM 2,–

Heft 7 Prof. Dr. **WILHELM TREIBS** / Entwicklungslinien der organischen Chemie
25 Seiten – 8° – 1957 – DM 1,40

Band 103

Heft 1 Prof. Dr. **GEORG SPACKELER** / Über die Möglichkeit einer Lieferung von Magnesiumsulfat als Düngemittel seitens des Kalibergbaus der Deutschen Demokratischen Republik
Prof. Dr. **ANTON ARLAND** / Magnesium im Landbau
38 Seiten – 1 Abbildung – 2 Landkarten – 8° – 1958 – DM 1,90

Heft 2 Prof. Dr. **HEINRICH BREDT** / Über den Tod. Eine naturwissenschaftliche Betrachtung
26 Seiten – 8° – 1958 – DM 1,10 *(vergriffen)*

Heft 3 Dr. **HANS WUSSING** / Über Einbettungen endlicher Gruppen
38 Seiten – 8° – 1958 – DM 2,50

Heft 4 Prof. Dr. **ERNST NEEF** / Über die Veränderlichkeit unserer geographischen Umwelt
19 Seiten – 8° – 1959 – DM 1,20

Heft 5 Prof. Dr. **WOLFGANG LANGENBECK** / Zur Biochemie der Spurenmetalle. Mit Diskussionsbeiträgen 16 Seiten – 4 Tabellen – 8° – 1959 – DM 1,–

Heft 6 Prof. Dr. **HANS SCHUBERT** / Dr. **ERICH SCHINCKE** / Die Berechnung einer zirkulationslosen Unterschallströmung um den Kreiszylinder mit der Hodographenmethode
42 Seiten – 12 Abbildungen – 4 Tabellen – 8° – 1959 – DM 4,20

Heft 7 Prof. Dr. **PAULA HERTWIG** / Anpassung, Vererbung und Evolution
35 Seiten – 14 Abbildungen – 8° – 1959 – DM 3,20

Band 104

Heft 1 Vorliegendes Heft

Bestellungen durch eine Buchhandlung erbeten

Vor 1945 erschienene Berichte antiquarisch durch den Akademie-Verlag, Berlin, zum Teil noch lieferbar

A K A D E M I E - V E R L A G · B E R L I N

FSC
www.fsc.org
MIX
Papier | Fördert gute Waldnutzung
FSC® C083411

Kolibri 360 GmbH
Ferdinand-Jühlke-Straße 7
99095 Erfurt, Deutschland
produktsicherheit@kolibri360.de